Énigmes
mathématiques

D1113090

éditions
BRAVO!

© 2005 Sterling Publishing Co., Inc., pour l'édition originale
© 2010 Les Publications Modus Vivendi Inc., pour l'édition française
© Pei Ling Hoo pour l'illustration de la page couverture

Les problèmes reproduits dans cet ouvrage ont été publiés au départ dans
Mind-stretching Math Puzzles, © 2000 Derrick Niederman.

Publié par les éditions BRAVO!, une division de
LES PUBLICATIONS MODUS VIVENDI INC.
55, rue Jean-Talon Ouest, 2ᵉ étage
Montréal (Québec) H2R 2W8
Canada

Design de la couverture : Marc Alain
Traduit de l'anglais par : Jean-Robert Saucyer

ISBN 978-2-89670-006-6

Dépôt légal — Bibliothèque et Archives nationales du Québec, 2010
Dépôt légal — Bibliothèque et Archives Canada, 2010

Imprimé au Canada en septembre 2012

TABLE DES MATIÈRES

Le magicien douze

1

Disposez comme suit les nombres de 1 à 12 : les nombres impairs à l'intérieur du triangle, les nombres pairs à l'intérieur du cercle et les nombres divisibles par 3 doivent se trouver à l'intérieur du carré.

Comment ferez-vous ?

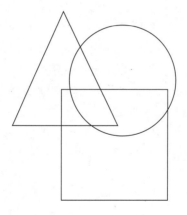

Indice en page 66
Solution en page 91

À la queue leu leu

Au casse-croûte du quartier, chaque client reçoit un numéro. Au cours d'une pause-déjeuner particulièrement achalandée, les clients ayant reçu les numéros 17 à 31 attendaient d'être servis.

Si vous comptiez tous les clients qui attendaient d'être servis, combien seraient-ils ?

Indice en page 66
Solution en page 91

Qui est le plus rapide ?

Hector peut courir de la gare à la résidence de ses parents en huit minutes. Darius, son frère cadet peut courir sur cette même distance à huit reprises en une heure (bien que rien ne l'y oblige !). Lequel des deux court le plus rapidement ?

Indice en page 66
Solution en page 91

Faites vos œufs !

Il faut précisément trois minutes et demie pour faire cuire un œuf dur. Combien de temps faut-il pour en faire cuire quatre ? Prenez garde !

Indice en page 66
Solution en page 91

Doublé de difficultés

Il est possible d'inscrire les nombres de 1 à 9 dans les neuf cases ci-dessous de sorte que les multiplications de la séquence soient exactes. Les nombres 3, 7, 8 et 9 ont été disposés dans les cases opportunes. Sauriez-vous trouver où inscrire les cinq autres nombres ?

$$\boxed{}\,\boxed{8}\times\boxed{3}=\boxed{}\,\boxed{7}\,\boxed{}=\boxed{}\,\boxed{9}\times\boxed{}$$

Indice en page 67
Solution en page 91

Le grand échiquier

6

Cinq gamins décident de faire une partie d'échecs. Si chacun d'eux ne joue qu'une seule partie avec chacun des autres, combien de parties se dérouleront?

Indice en page 67
Solution en pages 91 et 92

Passez le mot

7

Supposons que vous vouliez faire des copies des pages 12, 19, 30, 31 et 47 d'un dictionnaire de poche. S'il en coûte dix cents pour faire une copie, combien de pièces de dix cents vous faudra-t-il?

Indice en page 67
Solution en page 92

Raisonnement circulaire

Seule une des quatre droites de l'illustration ci-dessous divise le cercle en deux parties égales. Sauriez-vous dire laquelle?

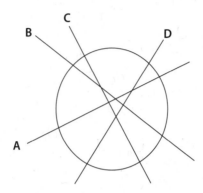

Indice en page 67
Solution en page 92

Copie à haute vitesse

Si 4 photocopieurs peuvent reproduire 400 feuilles de papier en 4 heures, combien de temps mettront 8 photocopieurs à reproduire 800 feuilles?

Indice en page 68
Solution en page 92

Si la chaussure fait

Une ville compte 20 000 habitants. Cinq pour cent d'entre eux sont unijambistes et la moitié des autres vont pieds nus. Combien de chaussures porte-t-on dans cette ville ?

Indice en page 68
Solution en page 92

Impair au bingo

Imaginez que vous participez à une partie de bingo avec la carte reproduite ci-dessous, dont tous les nombres sont impairs. La difficulté de cette partie tient à ce que vous devez faire un bingo – que ce soit à l'horizontale, la verticale ou la diagonale – dont les nombres totalisent précisément 100. Il n'y a qu'une façon d'y parvenir. Sauriez-vous dire laquelle ?

23	11	25	15	41
1	37	31	5	17
9	21	LIBRE	27	47
43	35	33	29	7
19	45	3	39	13

Indice en page 68
Solution en page 92

Unique en son genre

Il faut employer sept lettres pour écrire le mot FIFTEEN. Trois seulement sont nécessaires pour écrire le mot TEN. Il n'existe qu'un seul nombre pour lequel le nombre de lettres nécessaires à son épellation correspond à ce nombre même. Quel est-il ?

Indice en page 68
Solution en page 92

Le chemin le plus long

Si vous accomplissez toutes les opérations indiquées afin d'aboutir au nombre 97 inscrit dans le cercle, quel était le nombre de départ ?

Indice en page 69
Solution en page 93

24 chrono

Sauriez-vous formuler une équation qui égale 24 en vous servant du nombre 1 à six reprises et du signe de l'addition à trois reprises ?

Indice en page 69
Solution en page 93

Famille, amour, fratrie

Chacun des quatre frères Baumier a une sœur. Combien d'enfants compte cette famille ?

Indice en page 69
Solution en page 93

16

Adieu, calculette !

Quelle somme de 18 pour cent de 87 ou 87 pour cent de 18 est la plus élevée ? Et ne faites pas la multiplication !

Indice en page 69
Solution en page 93

17

Étrange, mais vrai

On a donné à Mélanie trois nombres positifs qu'on lui a demandé d'additionner. Jessica a reçu les trois mêmes nombres qu'on lui a demandé de multiplier. Ô surprise ! Mélanie et Jessica ont obtenu la même réponse !

Quels nombres leur a-t-on donnés ?

Indice en page 69
Solution en page 93

Un esprit sain dans un corps ceint

Le schéma par points est emprunté à un vélo stationnaire du club de sport. Les nombres de gauche traduisent le degré de difficulté de l'exercice. Plus le nombre est élevé, plus grande est la résistance offerte par le vélo, ce qui pousse plus loin l'exercice. Les colonnes représentent le temps : chacune symbolise 5, 10 ou 15 secondes en fonction de la durée globale choisie. Mais nous n'avons guère à nous préoccuper de tout cela, puisque notre défi est d'ordre intellectuel, non pas physique. Combien de points y a-t-il en tout ?

Un dernier conseil : Ne comptez pas les points un à un, vous deviendriez étourdi. Il existe une méthode plus opportune.

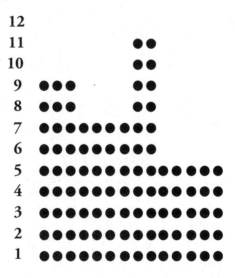

Indice en page 70
Solution en page 93

L'affaire est dans le sac

Un sac contient trois billes rouges et deux billes bleues. Un deuxième sac contient deux billes rouges et une bille bleue. Si vous pouviez choisir une bille à l'aveugle dans l'un des sacs, dans lequel pigeriez-vous afin d'avoir le plus grand nombre de chances de choisir une bille rouge ?

Indice en page 70
Solution en page 93

Cadre supérieur demandé

Inès a acheté un cadre de 4 po sur 6 po pour encadrer une photo de son amoureux. L'extérieur du cadre mesure 5 po sur 7 po. Si la photo s'encastre parfaitement à l'intérieur du cadre, quelle est la largeur de chaque segment du cadre ?

Indice en page 70
Solution en page 94

La machine à conversion

Si vous donnez un nombre à la machine à conversion, il passera par trois étapes distinctes. En premier lieu, la machine divisera ce nombre par 5. Par la suite, elle multipliera le nouveau nombre par 9. Pour terminer, la machine soustraira 32 du résultat.

L'un des nombres suivants reste le même après avoir subi les trois étapes de la machine à conversion. Lequel est-ce?

a)10   b)20   c)30   d)40

Indice en page 70
Solution en page 94

Prononcez la formule magique

Voici trois des formules préférées des magiciens: abracadabra, presto et shazam! Si vous attribuez à chaque lettre une valeur correspondant à son rang dans l'alphabet (A = 1, B = 2 et ainsi de suite), et si vous additionnez la valeur de chaque mot, laquelle des formules aura la plus grande valeur?

Indice en page 71
Solution en page 94

Propositions incomplètes

Ajoutez le signe opportun (de l'addition, la soustraction, la multiplication ou la division) entre les nombres 6, 3 et 2 afin que les propositions numériques suivantes soient vraies.

$$\boxed{6} \; \boxed{3} \; \boxed{2} \; = \; 5$$

$$\boxed{6} \; \boxed{3} \; \boxed{2} \; = \; 20$$

$$\boxed{6} \; \boxed{3} \; \boxed{2} \; = \; 7$$

$$\boxed{6} \; \boxed{3} \; \boxed{2} \; = \; 4$$

Indice en page 71
Solution en page 95

Volte-face

Au départ, neuf points sont disposés pour former un carré. L'illustration ci-dessous reproduit la manière de lier quelques-uns des points pour former une figure à cinq faces. Quel est le plus grand nombre de faces que peut compter une figure formée de la sorte ? La figure doit être fermée; aucune face ouverte n'est permise !

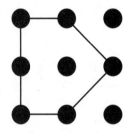

Indice en page 71
Solution en page 95

25

Bête de somme

La somme des caractères numériques d'un nombre formé de trois chiffres est 12. Si le caractère représentant les centaines est trois fois supérieur à celui qui représente les dizaines, et que celui qui représente les dizaines est la moitié de celui qui représente les unités, quel est ce nombre?

Indice en page 71
Solution en page 95

26

Du bonheur en comprimés

Si le médecin vous prescrit un comprimé antiallergène aux trois heures, combien de temps s'écoulera entre le premier et le quatrième comprimé?

Indice en page 72
Solution en page 95

Éternelle jeunesse

Amanda est née à l'hiver de 1966. En avril 2006, elle affirme avoir 39 ans. Comment est-ce possible?

Indice en page 72
Solution en page 95

Agent 86

Remplissez les cases vierges de telle sorte que la somme de tous les rangs, les colonnes et les diagonales soit identique.

32	19		8
10	25		
9			
35	16		11

Indice en page 72
Solution en page 95

Le voir pour le croire?

Si vous prolongiez vers le haut la ligne qui s'amorce à la partie inférieure gauche de l'illustration, laquelle de A ou B croiseriez-vous?

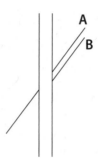

Indice en page 72
Solution en page 96

Le cinquième élément

Le carré de l'illustration ci-dessous est divisé en quatre parties égales. Sauriez-vous diviser un carré en cinq parties égales?

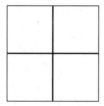

Indice en page 73
Solution en page 96

31

Les cinq points cardinaux

Il existe de nombreuses manières de disposer les nombres de 1 à 5 à l'intérieur des cercles ci-dessous de telle sorte que le total des deux directions – nord-sud et est-ouest – soit identique. Mais la question ici posée est d'un autre ordre : quelle que soit la manière que vous retiendrez, le nombre occupant le centre sera le même. Quel est ce nombre ?

Indice en page 73
Solution en page 96

L'endroit marqué d'une croix

Sauriez-vous disposer cinq autres croix à l'intérieur de la grille, de sorte que chaque rang et chaque colonne en compte un nombre pair?

					X
	X	X			
	X				
	X				
X				X	
			X	X	

Indice en page 73
Solution en page 96

... PROBLÈMES PLUS COMPLEXES ...

33

Le prix du plaisir

Un frisbee® et un ballon de softball coûtent tous deux 6,20 $. Le disque volant coûte 1,20 $ de plus que le ballon. Combien le disque volant coûte-t-il ?

Indice en page 73
Solution en page 96

34

La guerre des prix

Imaginez qu'à Megalopolis une course de taxi coûte 75 cents le premier quart de mile et 15 cents pour chaque quart de mile additionnel. À Cash City, une course en taxi coûte 1 $ le premier quart de mile et 10 cents pour chaque quart de mile additionnel.

Quelle distance faut-il parcourir afin que les prix des deux courses soient identiques ?

Indice en page 74
Solution en pages 96 et 97

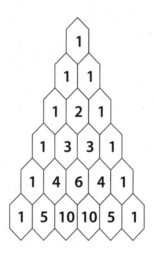

Le triangle de Pascal

Le schéma reproduit les six premiers rangs d'une célèbre construction mathématique appelée triangle de Pascal. Ce triangle est assemblé de la sorte : les 1 bordent deux de ses côtés et chaque nombre entre ces bordures est la somme des deux nombres au-dessus de lui. Ainsi, le 6 qui se trouve au milieu du cinquième rang est la somme des deux 3 du quatrième rang.

À présent que vous savez ce qu'est un triangle de Pascal, quelle est la somme de tous les éléments du septième rang que l'on ne voit pas ?

Remarque : Il n'est pas nécessaire d'additionner tous les nombres afin de connaître leur somme.

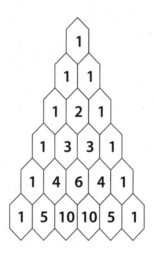

Indice en page 74
Solution en page 97

Relation triangulaire

Voici l'exemple d'un triangle magique. On le qualifie ainsi parce que les nombres de chacune de ses trois faces totalisent 12. Sauriez-vous disposer les nombres de 1 à 6 à l'intérieur du triangle vierge de telle manière que les nombres de chacune de ses faces totalisent 10 ?

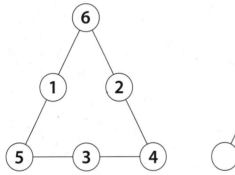 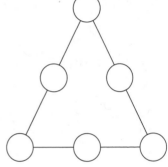

Indice en page 74
Solution en page 97

La filière française

James et Javier ont subi cinq épreuves pendant la première année du cours de français. Les notes de James étaient de 72, 85, 76, 81 et 91. Les notes de Javier étaient de 94, 79, 84, 75 et 88. De combien la moyenne de Javier était-elle supérieure à celle de James ?

Indice en page 74
Solution en page 98

Numéros de la voie

Supposons que le conseil d'urbanisme décide d'acheter de nouveaux numéros pour toutes les résidences du chemin des Roses trémières. On compte 50 maisons sur ce chemin numérotées de 1 à 50. Combien d'exemplaires de chaque numéro leur faudra-t-il ?

Indice en page 75
Solution en page 98

Symétrie des heures

Voici la reproduction de l'affichage numérique d'une horloge qui indique 4 heures 4 minutes. Ainsi que vous le voyez, le nombre des heures et des minutes est le même. Il faudra compter une heure et une minute avant de retrouver une même symétrie, soit à 5 heures 5 minutes.

Quel est le temps le plus court entre deux heures qui affichent pareille symétrie ?

4 : 04

Indice en page 75
Solution en page 98

40

Trouvez l'intrus

586414, 239761, 523377, 816184, 436564

Indice en page 75
Solution en page 98

41

Premier de classe

Un nombre premier n'est divisible que par lui-même et que par 1 (bien que 1 ne soit pas considéré comme un nombre premier). Les dix premiers nombres premiers sont cachés à l'intérieur du carré. Sauriez-vous les trouver ? Prenez un crayon et noircissez chaque case qui contient un nombre premier.

32	16	24	33	45	28	54
40	23	2	11	5	19	12
14	36	10	55	17	34	49
6	50	38	13	22	51	20
21	35	3	46	27	18	39
9	29	48	15	4	52	26
55	44	25	8	42	30	1

Indice en page 75
Solution en page 98

Les six absents

Inscrivez les six nombres ci-dessous à l'intérieur des cercles vierges de sorte que chaque équation soit vraie. N'employez chaque nombre qu'une fois seulement.

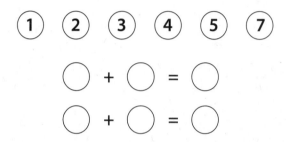

Indice en page 76
Solution en page 99

Ordre alphabétique

Il existe deux chiffres entre 1 et 9 dont les lettres qui les composent respectent l'ordre alphabétique. Sauriez-vous dire lesquels ?

Indice en page 76
Solution en page 99

Bons rires de Russie

Lors d'un voyage en Russie, j'ai acheté six bandes dessinées qui m'ont coûté un total de 17 roubles. Certains albums coûtaient 1 rouble, d'autres en coûtaient 2 alors que les plus onéreux se vendaient 10 roubles l'unité.

Combien de bandes dessinées de chaque prix ai-je achetées?

Indice en page 76
Solution en page 99

Les douze jours précédant Noël

Le célèbre Noël anglais propose quelques cadeaux bien singuliers pour l'être aimé :

- une perdrix dans un poirier
- deux tourterelles
- trois poules gauloises
- quatre merles siffleurs
- cinq anneaux d'or
- six oies couveuses
- sept cygnes majestueux
- huit filles de ferme
- neuf joueurs de tambour
- dix joueurs de cornemuse
- onze dames qui dansent
- et douze lords qui font le quadrille

Au fil de toute la chanson, et en comptant les douze couplets, quel est le cadeau qui revient le plus souvent ? (Par exemple, les deux tourterelles comptent pour deux présents chaque fois que ce vers est chanté.)

Indice en page 76
Solution en page 99

46

La petite fille aux allumettes

Si vous comptez les allumettes alignées ci-dessous, vous verrez que l'énoncé est exact. Mais sauriez-vous disposer les allumettes autrement afin que l'énoncé demeure vrai sans que vous ayez à en faire le compte?

$$| | | | | | | | | | | | | | | | | | | | | | | | | = 25$$

Indice en page 77
Solution en page 99

47

Moule à gaufres!

On peut produire 120 gaufres à la minute à l'aide d'un gaufrier portable alors qu'un gaufrier fixe permet d'en faire trois à la seconde. Combien de gaufriers portables faudrait-il afin d'égaler la production de quatre gaufriers fixes?

Indice en page 77
Solution en page 99

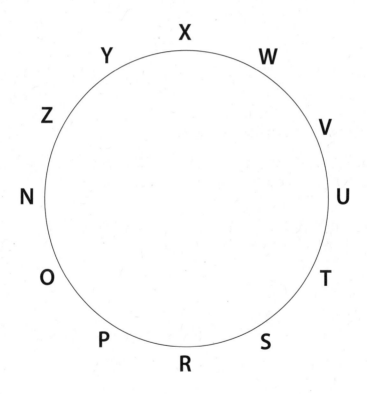

Soudain, elle était seule

Commencez par biffer la lettre N. À présent, faites le tour du cercle dans le sens contraire des aiguilles d'une montre en rayant *une lettre sur deux* que vous croisez. Toutefois, lorsque vous avez rayé une lettre, vous n'en tiendrez plus compte lorsque vous ferez le tour du cercle la deuxième ou la troisième fois. Si vous continuez de la sorte, quelle sera la dernière lettre que vous bifferez ?

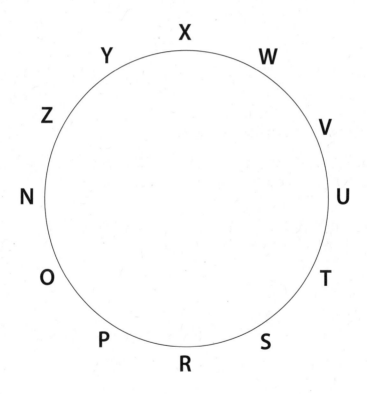

Indice en page 77
Solution en page 99

49

Sacré Charlemagne !

Supposons que les cours commencent ponctuellement à 9 heures. Si chaque cours dure 40 minutes et qu'on prévoit 5 minutes de pause entre les cours, à quelle heure prendra fin le quatrième cours ?

Indice en page 77
Solution en page 99

50

Une solution de paresse

Que donnent (138 × 109) + (164 × 138) + (138 × 227) ? Sauriez-vous trouver la réponse sans effectuer les multiplications ?

Indice en page 78
Solution en page 100

Un classique remis au goût du jour

Seize allumettes sont disposées de manière à former un L inversé. Voyez s'il est possible d'en ajouter huit autres pour former une zone séparée en quatre zones identiques. Il s'agit d'un problème classique, mais tous ne savent pas qu'il existe deux manières bien différentes de le résoudre. Sauriez-vous trouver l'une de ces solutions ?

Indice en page 78
Solution en page 100

52

Le fossé des générations

Grand-père Dupont a quatre petits-enfants. Chaque petit-fils a exactement un an de moins que son aîné. Cette année, Dupont constate qu'en additionnant l'âge de ses petits-enfants on obtiendrait exactement le sien. Quel âge a grand-père Dupont aujourd'hui ?

a) 76
b) 78
c) 80

Indice en page 78
Solution en page 100

53

Les pépites pépient

Les pépites de poulet sont commercialisées en cornets de 6, 9 et 20 morceaux. Supposons que vous vouliez acheter 99 pépites de poulet pour vos amis et vous. En partant de l'hypothèse que vous voulez acheter un nombre minimal de cornets, combien de cornets de chaque sorte vous faudra-t-il ?

Indice en page 78
Solution en page 100

L'étudiante moyenne

Marissa a obtenu une piètre note pour son premier travail à la nouvelle école qu'elle fréquente, soit une étoile sur un total éventuel de cinq! Elle était résolue à faire mieux que cela. Combien de notes de cinq étoiles lui faudra-t-il recevoir avant d'obtenir une moyenne de quatre étoiles?

Indice en page 79
Solution en page 100

La vie en cinémascope

Un groupe de sept adultes est allé au cinéma. Le total global de leur billet d'entrée était de 30 $. Cela ne semble guère possible, n'est-ce pas? Car enfin, 30 n'est pas divisible par 7. C'est qu'il y a un hic. Il leur en a coûté 30 $ parce que quelques-uns d'entre eux sont des séniors qui ont eu droit à des billets à moitié prix.

Combien de séniors se trouvent parmi le groupe et combien coûte leur billet?

Indice en page 79
Solution en page 101

Une chaîne de nombres

Disposez les nombres de 1 à 20 à l'intérieur de la grille de telle sorte qu'ils forment une chaîne en continu. Autrement dit, vous devez inscrire 2 dans une case qui se trouve à droite, à gauche en haut ou en bas du 1 (jamais à la diagonale), et ainsi de suite jusqu'à 20. Assurez-vous que les nombres 2, 7, 10 et 17 occupent les cases indiquées. Il n'existe qu'une seule solution. Saurez-vous la trouver ?

	7	10	
	2		17

Indice en page 79
Solution en page 101

Diviser et conquérir

Remplissez les cases ci-dessous afin de résoudre le problème de division.

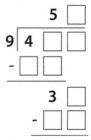

Indice en page 79
Solution en page 101

Cueillette de pommes

Le propriétaire du *Verger de la pomme d'or* décide d'orchestrer un solde de fin de saison dans l'espoir que les clients viendront acheter les pommes qui sont tombées des arbres. Il choisit d'établir les prix de façon fort inhabituelle. Les sacs remis aux clients ont une contenance de sept pommes chacun. On demande ensuite aux clients 5 cents pour chaque sac plein de pommes et 15 cents pour chaque pomme oubliée ! Selon ce mode de facturation, qu'est-ce qui coûte le plus cher : 10 pommes, 30 pommes ou 50 pommes ?

Indice en page 80
Solution en page 101

La quadrature du cercle

Sur ce schéma, un cercle est encastré à l'intérieur d'un grand carré et un carré plus petit est incliné et emboîté à l'intérieur du cercle. Quelle est la taille du carré incliné par rapport au plus grand ?

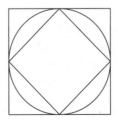

Indice en page 80
Solution en page 101

Où est Wilfrid?

Wilfrid est en quatrième année du cycle primaire. Dans sa classe, chaque élève prend place toute la journée sur la même chaise, et chaque rangée compte un même nombre d'enfants. Un jour, un suppléant se présente et demande à Wilfrid de lui indiquer sa place. Étant donné qu'il est trop timide pour répondre, ses camarades l'ont fait à sa place:

Mimi a dit: «Wilfrid s'assoit à la troisième rangée.»
Julien a dit: «Wilfrid s'assoit à la quatrième rangée
à partir du fond de la classe.»
Nadège a dit: «Wilfrid s'assoit sur la deuxième chaise
à partir de la droite.»
Olivier a dit: «Wilfrid s'assoit sur la quatrième chaise
à partir de la gauche.»

Combien d'élèves compte cette classe?

Indice en page 80
Solution en page 101

J'habite au 100ᵉ étage

Imaginez que le modèle du gratte-ciel ci-dessous prenne de l'ampleur selon cette structure. Le nombre 100 serait-il inscrit dans une colonne courte, moyenne ou haute? Sauriez-vous trouver la réponse sans inscrire tous les nombres entre 1 et 100?

Indice en page 80
Solution en page 102

La puissance du quatre

Tour à tour, Laurent et Jonas multiplient des nombres. En premier lieu, Laurent choisit le nombre 4. Jonas le multiplie par 4 pour obtenir 16. Laurent multiplie ensuite ce nombre par 4 pour obtenir 64. Jonas le multiplie à son tour pour obtenir 256.

Au bout de quelques-unes de ces multiplications, l'un d'eux parvient au nombre 1 048 576. Lequel de Laurent ou Jonas a obtenu ce nombre ?

Ne vous tracassez pas – ce problème est plus facile à résoudre qu'il ne semble à première vue. Vous n'êtes pas tenu d'effectuer toutes les multiplications pour parvenir à la bonne réponse.

Indice en page 81
Solution en page 102

Les nombres kangourou

Un nombre kangourou est composé de deux caractères numériques et plus qui affichent l'un de ses facteurs. Les caractères numériques du facteur doivent paraître selon l'ordre croissant à l'intérieur du nombre. Les nombres kangourou faciles à repérer finissent par un zéro, p. ex., 560 composé d'un facteur de 56. (Bien sûr, 560 se divise également par 5, mais ce dernier nombre ne compte qu'un seul caractère; 65 est un autre facteur, mais les caractères numériques paraissent selon l'ordre décroissant.)

À présent que vous savez de quoi il retourne, lesquels parmi les nombres suivants sont des nombres kangourou ?

a) 125   b) 664   c) 729   d) 912

Indice en page 81
Solution en page 102

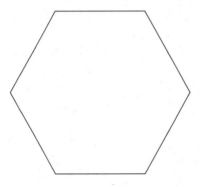

64

Hexagone

Sauriez-vous transformer l'hexagone en un cube en traçant seulement trois lignes ?

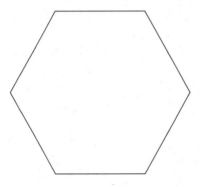

Indice en page 81
Solution en page 102

Mise en forme

L'illustration ci-dessous montre comment il est possible de réunir quatre carrés de manière à former une figure solide. Combien de figures peut-on former à partir de quatre carrés ? (Aux fins de cet exercice, deux formes ne sont pas différentes si la seconde découle d'une simple rotation de la première.)

Indice en page 81
Solution en page 102

Big Brother

Geoffroi observait son frère aîné Mathieu qui faisait un devoir de mathématiques. Mathieu lui répondit que le travail portait sur les factorielles, un sujet beaucoup trop complexe pour Geoffroi.

« Pourquoi le point d'exclamation ? » demanda Geoffroi en apercevant l'étrange 8 flanqué d'un point d'exclamation (8 !) dans les notes de son frère.

« C'est un symbole factoriel », répondit Mathieu.

« Qu'est-ce qu'un symbole factoriel ? » demanda Geoffroi.

Mathieu fit la réponse suivante : « Une factorielle est le produit de tous les entiers naturels positifs et inférieurs ou égaux à un entier donné. Ainsi, $10! = 10 \times 9 \times 8 \times 7 \times 6 \times 5 \times 4 \times 3 \times 2 \times 1$. À présent, me crois-tu quand je dis que c'est compliqué ? »

« Je suppose dit Geoffroi. Mais quel est le problème auquel tu travailles ? »

« Je dois diviser 8 ! par 6 ! », répondit Mathieu.
Deux secondes plus tard, Geoffroi dit : « Je vois la réponse ! »

Comment Geoffroi a-t-il pu trouver 8 !/6 ! sans faire l'ensemble des multiplications avant de procéder à la division ?

Indice en page 81
Solution en page 102

Bridgeur sachant bridger

Lors d'une partie de bridge, on distribue un jeu de 52 cartes entre quatre joueurs. Les cartes que reçoit un bridgeur forment une main. Chaque joueur attribue une valeur à sa main en comptant 4 points pour un as, 3 points pour un roi, 2 points pour une reine, et 1 point pour un valet. Navré, mais aucune autre carte ne vaut quelque point.

Imaginons que vous recevez une main composée d'un as, trois 7, deux 5 et deux 2. Sans même regarder vos autres cartes, quel est le nombre maximal de points que pourrait compter votre main?

Indice en page 82
Solution en page 103

Dernier express pour Combecreuze

Arnaud, Ariane et Amélia attendent sur un quai de gare. Ils sont en partance pour trois destinations différentes. Lorsqu'ils regardent l'horloge de la gare, ils se rendent compte qu'Ariane devra attendre son train deux fois plus longtemps qu'Arnaud, alors qu'Amélia devra patienter deux fois plus longtemps qu'Ariane.

Quelle heure est-il ?

DESTINATION	VOIE	DÉPART
CHÂTEAU BLEU	3	16 h 48
VAL DE LOIRE	7	16 h 57
COMBECREUZE	4	17 h 15

Indice en page 82
Solution en page 103

69

Jeu de proportions

Nous avons tracé des lignes à partir de chaque angle d'un carré vers le point médian de l'un des côtés opposés. Quelle est la proportion du petit carré ainsi formé au centre par rapport à la taille du carré de départ ?

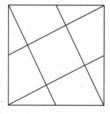

Indice en page 82
Solution en page 103

Opéra de deux sous

Il y a de cela plusieurs années, alors que le coût de la vie était de loin inférieur à celui d'aujourd'hui, deux frères – Adam et Maxence – allèrent acheter un bloc-notes à la papeterie du coin. Malheureusement, bien que les deux frères aient eu de l'argent sur eux, ils n'en avaient pas suffisamment pour payer leur achat. Il manquait à Adam deux cents par rapport au prix du bloc-notes alors qu'il en manquait 24 à Maxence. En réunissant les sommes dont ils disposaient, ils n'avaient pas encore suffisamment d'argent pour acheter le bloc-notes.

Combien coûtait ce bloc-notes ?

Indice en page 82
Solution en page 103

Points à la ligne

Sauriez-vous disposer 10 points sur une page et les rattacher par cinq lignes composées de quatre points chacune ?

Indice en page 83
Solution en page 103

Déferlante

Dans une boutique de la plage de Malibu en Californie, une planche de surf usagée est soldée à 100 $. Selon le commis, ce nouveau prix équivaut à une remise de 20 pour cent par rapport au prix de départ. Combien se vendait cette planche dès le départ ?

Indice en page 83
Solution en page 104

Quadrille

En premier lieu, comptez le nombre de carrés qui forment la figure. Sauriez-vous retirer quatre segments afin que le nombre de carrés soit réduit de moitié ?

Aucun segment ne doit être isolé ; ils doivent tous appartenir à au moins un carré.

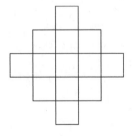

Indice en page 83
Solution en page 104

Quatuors recherchés

À partir de simples additions, soustractions, multiplications et divisions, sauriez-vous produire des sommes égales à chacun des nombres de 1 à 10 en employant précisément quatre 4 ?

Afin de vous mettre sur une piste, voici deux exemples :

$$1 = (4 + 4)/(4 + 4)$$
$$2 = (4 \times 4)/(4 + 4)$$

La suite vous appartient !

Indice en page 83
Solution en page 104

Expérience demandée

Quatre-vingt-dix candidats ont présenté leur candidature à un poste de représentant d'une société d'édition. Dix d'entre eux n'ont jamais travaillé dans le secteur de la vente et dans celui de l'édition. Soixante-cinq ont déjà travaillé dans le secteur de la vente, et cinquante-huit ont quelque expérience dans l'édition.

Combien de candidats cumulent de l'expérience à la fois dans le secteur de la vente et dans celui de l'édition ?

Indice en page 83
Solution en page 104

Fantassins aux pieds plats

Un groupe de moins de 100 soldats se déployait en formation carrée lorsque 32 d'entre eux furent appelés pour un exercice d'entraînement. Les autres soldats se sont regroupés et ont poursuivi leur marche, en formant cette fois un carré de moindre envergure. Ils ont continué de marcher jusqu'à ce que huit d'entre eux quittent le groupe pour s'engager dans une course à obstacles.

Combien de soldats étaient présents au départ ?

Indice en page 84
Solution en page 104

Triptyque pour la Grande Ourse

Sauriez-vous tracer trois lignes droites à l'intérieur du cadre ci-dessous de sorte que chacune des étoiles qui forment la Grande Ourse se retrouve dans sa propre zone ?

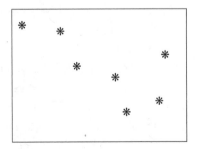

Indice en page 84
Solution en page 104

Friandise ou bêtise ?

La soirée d'Halloween tirait à sa fin et il restait moins de 20 bonbons à distribuer chez les Depardiable. Lorsque retentit la sonnerie de l'entrée, M. Depardiable crut qu'il s'agissait des derniers petits monstres de la soirée et décida de leur donner ce qui lui restait de bonbons.

À la porte, il vit deux petits, l'un déguisé en fantôme et l'autre, en lion. M. Depardiable voulait leur donner le même nombre de bonbons, mais il s'aperçut en divisant le lot de bonbons en deux qu'il s'en trouvait un de trop.

C'est alors qu'il aperçut une vilaine sorcière dissimulée derrière le lion. Il était donc en présence de trois mendiants. Il tenta de diviser les bonbons en trois parts égales, mais il s'en trouvait encore un de trop.

Pour terminer, le comte Dracula fit son apparition derrière le fantôme. M. Depardiable voulut distribuer les bonbons en quatre parts égales, mais encore une fois il s'en trouvait un de trop.

Combien de bonbons M. Depardiable avait-il en sa possession lorsqu'on sonna à sa porte ?

Indice en page 84
Solution en page 105

Cercle magique

Les nombres de 1 à 9 sont disposés de manière à former un cercle. Sauriez-vous les diviser en trois groupes, sans en modifier l'ordre, de manière à ce que la somme des nombres soit identique à l'intérieur de chaque groupe?

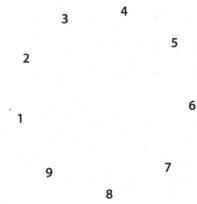

Indice en page 84
Solution en page 105

Maîtres et valets

Parmi six cartes tirées d'un jeu, deux sont des valets. Imaginons que vous déposiez ces six cartes à l'intérieur d'un coffre et que vous en choisissiez deux au hasard. Quelle est la plus forte probabilité : que vous tiriez au moins un valet ou que vous n'en tiriez aucun?

Indice en page 85
Solution en page 105

81

Espèces sonnantes et trébuchantes

Vous pourriez vous procurer quelque chose à moins d'un dollar canadien. Vous pourriez payer à l'aide de quatre pièces standard sans que l'on vous rende la monnaie. Si vous achetiez deux de ces articles avec la monnaie exacte, il vous faudrait un minimum de six pièces. Toutefois, si vous en achetiez trois, il ne vous faudrait que deux pièces de monnaie. Combien coûte cet article?

N'oubliez pas que vous disposez de seulement cinq pièces de monnaie qui valent moins d'un dollar : une pièce d'un cent, une pièce de cinq cents, une pièce de dix cents, une pièce de vingt-cinq cents et une pièce de cinquante cents.

Indice en page 85
Solution en page 105

82

Un mile à pied, ça use les souliers

L'odomètre d'un véhicule mesure la distance qu'il a parcourue au cours de sa vie utile. Un odomètre journalier enregistre la distance parcourue au cours d'un déplacement et revient à zéro. Supposons que l'odomètre d'une berline neuve indique 467 et que son odomètre journalier indique 22. Combien de miles faut-il encore parcourir avant que l'odomètre principal atteigne exactement le double de l'odomètre journalier?

Indice en page 85
Solution en page 106

Hors de mon chemin !

Ici, le principe du jeu consiste à lier les quatre paires de carrés semblables : les deux gris, les deux marqués d'une croix, et ainsi de suite. Mais sauriez-vous lier les quatre paires sans qu'aucun des quatre chemins n'en recoupe un autre ?

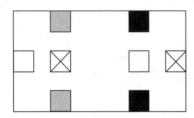

Indice en page 85
Solution en page 106

Course contre la montre

Dans le cadre d'une course de 10 kilomètres, Alexandre l'a emporté de 20 mètres sur Edmond et de 40 mètres sur Charles. Si Edmond et Charles participaient à une course de 10 kilomètres, et qu'Edmond laissait une longueur d'avance de 20 mètres à Charles, lequel remporterait probablement la palme ?

Indice en page 86
Solution en page 106

Le shekel disparu

Un fermier de la vieille Transylvanie portait chaque semaine ses rutabagas au marché. Son prix courant était d'un shekel pour le lot de trois rutabagas. Il vendait en moyenne 30 rutabagas par semaine et rentrait chez lui avec 10 shekels en poche.

Une semaine, il accepta de vendre les rutabagas de son voisin qui n'était pas en mesure de se rendre à la ville. Quelle ne fut pas sa surprise en apprenant que son voisin préférait vendre ses rutabagas au prix de deux pour un shekel! Quand il eut vendu 30 rutabagas de son voisin, il revint à la maison avec 15 shekels.

Le fermier décida que la chose équitable était de vendre leur production commune au prix de deux shekels pour cinq rutabagas. Toutefois, lorsqu'il compta son argent après avoir vendu toute sa récolte et celle de son voisin, il n'avait que 24 shekels, non pas les 25 escomptés.

Où est passé le shekel qui manque?

Indice en page 86
Solution en page 106

Dangereusement près

Essayez de disposer les nombres 1 à 8 dans les cases ci-dessous de sorte qu'aucun n'en touche un autre qui lui soit consécutif, et ce, à l'horizontale, la verticale ou la diagonale.

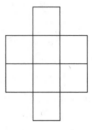

Indice en page 86
Solution en page 107

Calories vides

Imaginons qu'un beignet à faible teneur en calories en compte 95 pour cent moins qu'un beignet ordinaire. Combien de beignets peu caloriques pourriez-vous consommer afin d'absorber autant de calories que si vous mangiez un beignet ordinaire?

Indice en page 86
Solution en page 107

Qui se garde à carreau…

Des quatre couleurs qui composent un jeu de cartes, seul le carreau présente une figure symétrique en cela que, contrairement au trèfle, au cœur ou au pique, le carreau reste le même qu'on le regarde tête en bas ou tête en l'air.

Toutefois, l'une des 13 cartes de carreau change d'allure lorsqu'on la regarde tête en bas. Sans déployer de jeu de cartes, sauriez-vous désigner la carte de carreau asymétrique ?

Indice en pages 86 et 87
Solution en page 107

La closerie de Fido

Imaginons que vous disposez d'un long segment de clôture avec lequel vous voulez faire un bel enclos où pourra s'ébrouer votre chiot Fido. Si vous souhaitez qu'il dispose de la plus grande surface possible où s'épivarder, quelle sera la forme de l'enclos ?

Indice en page 87
Solution en page 107

Le malheur des uns

Deux investisseurs – que nous appellerons Coulombe et Columbo – ont pris quelques décisions fâcheuses en lien avec le marché boursier : Coulombe a perdu 60 pour cent de son argent et Columbo en a perdu 85 pour cent. Columbo en fut si démoralisé qu'il retira son argent pour le déposer à un compte d'épargne. Quant à lui, Coulombe consentit quelques placements supplémentaires dans l'espoir de récupérer son argent. Mais il ne fut pas davantage chanceux la deuxième fois puisqu'il perdit encore 60 pour cent.

Aucun des deux hommes n'enregistra un rendement très profitable, c'est chose assurée. Mais lequel de Coulombe ou de Columbo enregistra le pire rendement ?

Indice en page 87
Solution en page 107

Chemin du square

Quatre boulets sont disposés en forme de carré. En partant du boulet supérieur gauche, tracez trois lignes droites dont chacune passe par un ou plusieurs boulets, de sorte que vous reveniez au point de départ. Une ligne doit traverser chaque boulet.

Indice en page 87
Solution en page 107

À l'emporte-pièce

Un sac contient trois biscuits différents : un aux pépites de chocolat, un à l'avoine et aux raisins et un dernier, au sucre. Elmo met la main dans le sac et choisit un biscuit, puis Éloi fait de même. Qui a le plus de chances de choisir le biscuit au sucre – Elmo qui a fait le premier choix ou Éloi qui est passé après lui ?

Indice en page 87
Solution en page 108

Deux syndiqués valent mieux qu'un

Si un ouvrier met 6 jours à achever un projet et qu'un deuxième en met 12 à effectuer le même travail, combien de jours leur faudra-t-il s'ils travaillent ensemble ?

Indice en page 88
Solution en page 108

Quatre-quarts

Divisez la figure ci-dessous en quatre éléments identiques.

Indice en page 88
Solution en page 109

Poisson d'avril !

En l'an 2000, le premier avril est tombé un samedi. Quel jour est tombé le premier avril en 1999 ? Et le premier avril 2001 ?

Indice en page 88
Solution en page 109

Excellent millésime

L'année 1978 a une caractéristique inhabituelle. Lorsqu'on additionne 19 à 78, on obtient 97, c.-à-d. les deux caractères numériques au centre du millésime. Quelle sera la prochaine année à être dotée d'une telle caractéristique ?

Indice en page 89
Solution en page 109

Fragments d'octogone

Un octogone est une figure géométrique à huit côtés. L'octogone régulier le plus connu est probablement le panneau d'arrêt dont les huit côtés ont la même longueur. Nous avons tracé trois diagonales à l'intérieur de l'octogone régulier ci-dessous – des droites qui lient deux des points extrêmes. Combien de diagonales compte-t-on au total ?

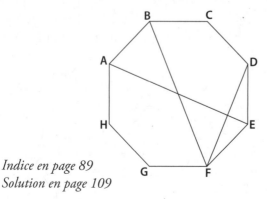

Indice en page 89
Solution en page 109

Qui ment?

On a montré un nombre à quatre amis – André, Barbara, Cindy et Daniel. Voici ce qu'ils ont dit à propos de ce même nombre :

André : « Il est formé de deux caractères numériques. »
Barbara : « Il entre également dans 150. »
Cindy : « Ce n'est pas 150. »
Daniel : « Il est divisible par 25. »

Il appert qu'un seul des quatre amis ment. Lequel ou laquelle ?

Indice en page 89
Solution en pages 109 et 110

Joueur de triangle

Les longueurs de deux côtés du triangle ci-dessous sont identifiées. La longueur du troisième côté n'a pu être identifiée parce qu'on ne se souvenait plus si elle comptait 5, 11 ou 21 unités. Sauriez-vous trouver ce qu'il en est ? (Navré, mais la figure n'est pas tracée à l'échelle !)

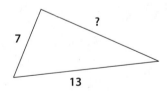

Indice en page 89
Solution en page 110

Château de cartes

L'illustration ci-dessous montre neuf cartes disposées de manière à former un rectangle. En partant de l'hypothèse que l'aire du rectangle est de 180 pouces carrés, quel est son périmètre ? (Le périmètre est la longueur des quatre côtés du rectangle.)

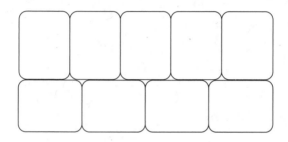

Indice en page 90
Solution en page 110

... INDICES ...

1

Le magicien douze

Le problème serait insoluble si le triangle, le cercle et le carré ne se chevauchaient pas. Prêtez particulièrement attention aux nombres qui sont multiples de 3, c.-à-d. le 3, le 6, le 9 et le 12.

2

À la queue leu leu

Attention ! La réponse n'est pas 14.

3

Qui est le plus rapide ?

Vous devez d'abord trouver le temps qu'Hector met à parcourir la distance à huit reprises.

4

Faites vos œufs !

Lorsqu'on vous met ainsi en garde, c'est qu'un piège vous est tendu !

5

Doublé de difficultés

Vous pouvez distinguer un caractère numérique d'un nombre qui en compte trois à partir des renseignements dont vous disposez (il s'agit de la sixième case à compter de la gauche). Essayez ensuite de déterminer le premier nombre de gauche.

6

Le grand échiquier

N'oubliez pas que si Delphine joue contre Arnaud, Arnaud joue également contre Delphine ! Remplacez les noms des enfants par A, B, C, D et E et dressez la liste des paires qui s'affrontent.

7

Passez le mot

Voici une autre question piège, rien ne vous aura été épargné ! Observez attentivement les numéros des pages du dictionnaire de poche.

8

Raisonnement circulaire

Afin qu'une droite divise un cercle en deux parties égales, elle doit passer par son centre.

9

Copie à haute vitesse

Les questions fondées sur ce schème circulent depuis plus longtemps que les photocopieurs! La meilleure piste consiste à voir le nombre de copies qu'un seul appareil peut reproduire, et à partir de là.

10

Si la chaussure fait

Lisez attentivement l'énoncé du problème. Vous auriez intérêt à savoir que le nombre 5 – comme dans 5 pour cent – a peu à voir avec la solution.

11

Impair au bingo

Certains rangs alignent des nombres trop élevés pour totaliser 100. Mais il y a un autre indice : 100 est-il pair ou impair? La somme de quatre nombres est-elle paire ou impaire? Qu'en est-il de cinq nombres impairs? Peu d'additions sont nécessaires à la résolution de ce problème, car le fait de répondre à ces questions peut exclure plusieurs réponses avant même de commencer!

12

Unique en son genre

Heureusement, le nombre recherché n'est pas très élevé. Mais cela, vous vous en doutiez, non?

13

Le chemin le plus long

Il faut procéder à l'opération à partir de la fin. Travaillez de droite à gauche, et faites le contraire de ce que l'on vous demande !

14

24 chrono

Vous n'avez qu'à considérer les groupes de 1 sous un autre angle.

15

Famille, amour, fratrie

L'énigme énonce que chacun des frères a une sœur. Il n'est pas dit que chaque frère a une sœur différente des autres.

16

Adieu, calculette !

Vous n'avez à faire aucun calcul afin de résoudre cette énigme – à moins que vous n'ayez déjà oublié son intitulé. Le sens commun vous permettra de trouver la réponse.

17

Étrange, mais vrai

En général, plus les nombres choisis sont élevés, plus grande est la différence entre leur somme et leur produit.

18

Un esprit sain dans un corps ceint

Il vaut mieux aborder le problème en séparant les points en rectangles. Établissez le nombre de points à l'intérieur de chaque rectangle, et additionnez-les.

19

L'affaire est dans le sac

Le principe élémentaire consiste à calculer les deux probabilités comme s'il s'agissait de fractions, et ensuite de comparer ces fractions.

20

Cadre supérieur demandé

Voici une question piège! La réponse n'est pas 1 po.

21

La machine à conversion

La réponse est plutôt simple. Suivez les mêmes règles que la machine et vous trouverez le nombre magique.

22

Prononcez la formule magique

La longueur d'un mot n'est pas tributaire de sa valeur numérique. Voyez tous les *a* de *abracadabra*!

23

Propositions incomplètes

N'oubliez pas que vous accomplissez les différentes opérations (addition, soustraction, multiplication et division) de gauche à droite.

24

Volte-face

Procéder par tâtonnements fera ici la meilleure démarche. Vous n'êtes pas tenu d'employer tous les points.

25

Bête de somme

Vous savez que le caractère numérique représentant les dizaines est divisible par 3 et qu'il n'est pas supérieur à 9 (puisqu'aucun caractère numérique ne peut être supérieur à 9). Le choix est donc restreint.

26

Du bonheur en comprimés

Une autre question piège. Lisez attentivement son énoncé, et mettez-vous à la place de celui qui doit prendre les comprimés, et ce, même si vous ne souffrez pas d'allergie.

27

Éternelle jeunesse

Une autre question piège. Nous n'avons jamais précisé où vit Amanda.

28

Agent 86

Si vous additionnez les nombres de la première colonne, vous trouverez la somme de chaque rang, colonne et diagonale. Puis, vous passez à ceux des rangs, colonnes ou diagonales qui comptent trois des quatre nombres possibles, et vous serez capable de trouver celui qui manque. D'ici peu, vous connaîtrez la réponse !

29

Le voir pour le croire ?

Observez l'illustration sous un certain angle.

30

Le cinquième élément

Quoi que vous fassiez, ne compliquez pas les choses.

31

Les cinq points cardinaux

Vous pouvez résoudre cette énigme en procédant par tâtonnements, et le nombre qui occupe le cercle du centre de n'importe quelle solution est le nombre de *toutes* les solutions. Mais le simple bon sens pourrait vous indiquer la réponse sans qu'il ne soit utile d'inscrire de nombres dans tous les cercles.

32

L'endroit marqué d'une croix

Par définition, chaque rang et chaque colonne doit compter deux ou quatre X. N'oubliez pas : nous avons dit *pair*, pas *égal* !

33

Le prix du plaisir

Inutile de recourir à l'algèbre pour résoudre ce problème, bien que la chose puisse vous aider. Après quelques tâtonnements, vous finirez pas trouver, mais vous devriez vous assurer que la différence entre les prix des deux articles est de 1,20 $.

34

La guerre des prix

Au départ, quelle est la différence de prix entre les deux taxis ? En quoi cette différence est-elle modifiée aux quarts de mile ?

35

Le triangle de Pascal

Essayez de déceler un schème dans les sommes des six premiers rangs.

36

Relation triangulaire

La clef de la solution consiste à découvrir les nombres angulaires. Dans l'exemple, les trois nombres supérieurs sont disposés dans les angles, où ils comptent pour le double. Donc, la somme de chaque côté est la plus élevée possible (12), étant donné la suite de nombres employés. Afin d'en arriver à 10 ou à un nombre inférieur, procédez d'abord à une modification à ces angles.

37

La filière française

Vous pouvez établir la moyenne de chaque étudiant en additionnant leurs notes individuelles et en divisant par cinq. Mais si vous observez attentivement les notes des épreuves, vous pourriez trouver un raccourci.

38

Numéros de la voie

Vous devez tenir compte des nombres simples et des dizaines avant de faire le total.

39

Symétrie des heures

On compte douze de ces moments au cours d'une période de douze heures. Il faut une heure et une minute pour passer de une heure et une minute à une deux heures et deux minutes, et une autre heure et une minute pour passer à trois heures et trois minutes. Mais, en une occasion, ce temps est plus court.

40

Trouvez l'intrus

Vous devez décomposer les nombres de 6 chiffres en nombres de 3 chiffres.

41

Premier de classe

Au premier coup d'œil, le schéma ne compte que neuf nombres premiers. Mais si vous suivez les indications attentivement, vous pourriez découvrir où se cache le dixième.

42

Les six absents

Procédez par tâtonnements. Si on remplaçait le 7 du problème par un 6, il n'y aurait aucune réponse possible. Étant donné que 7 est le nombre le plus élevé, il est probable qu'il représente une somme ou un nombre soustrait de l'équation.

43

Ordre alphabétique

Les 2 chiffres comportent chacun 4 lettres.

44

Bons rires de Russie

En premier lieu, demandez-vous combien il peut y avoir de bandes dessinées valant 10 roubles.

45

Les douze jours précédant Noël

Oubliez la perdrix ! Elle revient le plus souvent, mais en un seul individu chaque fois.

46

La petite fille aux allumettes

Vingt-cinq est un nombre peu commun. Aucun autre nombre ne pourrait le remplacer ici. Remarquez toutefois qu'il ne comporte pas de *0*.

47

Moule à gaufres !

Chiffrez le rythme de production du gaufrier portable en gaufres à la seconde. Ainsi, vous pourrez comparer les deux rythmes.

48

Soudain, elle était seule

Faites le tour du cercle et n'oubliez pas qu'une lettre biffée disparaît aux fins de cette énigme. Servez-vous d'un crayon !

49

Sacré Charlemagne !

N'oubliez pas que le nombre de cours et le nombre de pauses entre les cours n'est pas le même !

50

Une solution de paresse

N'effectuez pas la multiplication énoncée. Remarquez que 138 revient à trois reprises dans les énoncés. Mieux encore, les autres nombres totalisent un joli chiffre rond.

51

Un classique remis au goût du jour

L'une des solutions se trouve à l'intérieur du L, alors que l'autre s'aventure à l'extérieur.

52

Le fossé des générations

Procédez par tâtonnements. Vous pourriez avoir de la chance si vous avez remarqué que l'un des trois âges possède une caractéristique qui échappe aux autres.

53

Les pépites pépient

Essayez de soustraire les 6 et les 9 de 99 jusqu'à obtenir un multiple de 20.

54

L'étudiante moyenne

En partant du principe que la moyenne des notes doit être de quatre, vous commencez avec une différence de trois points entre la note d'une étoile (que Marissa a obtenue pour son premier devoir) et la moyenne voulue de quatre étoiles. Combien d'étoiles peut-on recevoir pour un devoir ?

55

La vie en cinémascope

Procédez par tâtonnements. Remarquez que le prix d'entrée d'un sénior doit se diviser également en 30.

56

Une chaîne de nombres

Vous aurez peu de mal à trouver où inscrire 8 et 9. À partir de là, vous pourrez caser 6, 5 et la suite. Prenez garde de ne pas vous empêtrer dans un coin !

57

Diviser et conquérir

Commencez par multiplier 5 et 9 pour arriver au deuxième rang de la division. Cela devrait vous fournir un bon point de départ.

58

Cueillette de pommes

Ce calcul ne comporte aucune difficulté particulière, mais la réponse pourrait vous étonner.

59

La quadrature du cercle

Souvent, on obtient la réponse à ce genre de problème en traçant des lignes supplémentaires. Dessinez deux diagonales à l'intérieur du carré incliné et voyez si cela est utile !

60

Où est Wilfrid ?

Vous pourriez trouver la solution en dessinant un schéma. N'oubliez pas qu'un même nombre d'élèves occupe chaque rangée; sans ce renseignement, vous ne pourrez trouver le nombre total d'élèves.

61

J'habite au 100ᵉ étage

Remarquez que le premier nombre de chaque colonne parmi les plus hautes est un multiple de 6. À partir de ce schéma, vous pourrez prévoir ce qu'il adviendra du centième étage sans écrire tous les nombres.

62

La puissance du quatre

Vous obtiendrez la bonne réponse en procédant aux multiplications, mais il existe une méthode plus facile de repérer les schémas qui se dégagent.

63

Les nombres kangourou

Souvenez-vous qu'il est impossible de diviser de façon égale un nombre pair par un nombre impair. Ainsi, vous réduirez le nombre de possibilités.

64

Hexagone

Essayez de diviser l'hexagone en trois éléments de forme biconique et voyez ce qui se produit.

65

Mise en forme

Il faut un crayon et du papier pour trouver la solution.

66

Big Brother

Ne vous préoccupez pas du point d'exclamation. Vous n'avez pas à multiplier 8! ou 6!, mais vous devez voir qu'une « annulation » facilite grandement les choses.

67

Bridgeur sachant bridger

Souvenez-vous qu'un jeu de cartes est composé de quatre couleurs de 13 cartes chacune. Les as sont au nombre de quatre, et cela vaut également pour les rois, les reines et les valets.

68

Dernier express pour Combecreuze

La première chose à faire est de comptabiliser le temps qui s'écoule entre chaque départ. Il n'y a qu'une seule possibilité à l'heure qu'il est.

69

Jeu de proportions

Essayez de tracer les formes qui entourent le carré du centre.

70

Opéra de deux sous

Le fait que le bloc-notes coûte peu entre dans l'équation, car nombre de gens semblent faire abstraction de la solution.

71

Points à la ligne

La réponse est en fait une forme bien familière.

72

Déferlante

On pense souvent qu'au départ le prix était de 120 $, mais on a tort.

73

Quadrille

Lorsque vous recensez le nombre de carrés, vous devez tenir compte de ceux de tailles différentes.

74

Quatuors recherchés

N'oubliez pas que l'on obtient zéro en employant le nombre 4 à deux reprises (4 – 4) et le nombre 1 de façon similaire (4/4). Voilà un indice utile pour former les nombres 1 à 10.

75

Expérience demandée

Si vous additionnez tous les nombres, vous en obtiendrez un beaucoup trop élevé. Mais vous êtes sur la bonne voie aussi longtemps que vous *soustrayez* le nombre opportun de votre total.

76

Fantassins aux pieds plats

La question qui se pose est la suivante : quel nombre forme un carré parfait et le demeure lorsqu'on lui soustrait 32 ? Étant donné que le nombre de soldats est inférieur à 100, le nombre d'entre eux d'un côté ou l'autre du carré ne comporte qu'un caractère numérique. Mais souvenez-vous que le deuxième carré doit compter plus de huit hommes.

77

Triptyque pour la Grande Ourse

Servez-vous d'une règle et d'un crayon ! En outre, vous devriez observer la page sous un angle différent. Assurez-vous seulement de pouvoir tracer une ligne entre certaines zones.

78

Friandise ou bêtise ?

Souvenez-vous qu'il restait à M. Depardiable moins de 20 bonbons, et que plusieurs possibilités peuvent être exclues d'office. Dressez la liste des nombres de 1 à 20 et biffez-les à mesure que votre raisonnement progresse.

79

Cercle magique

Tout d'abord, trouvez la somme des neuf nombres. Divisez cette somme par 3 et vous aurez la somme de chacun des trois groupes de moindre envergure.

80

Maîtres et valets

Recensez toutes les possibilités et voyez combien elles ne tiennent pas compte des valets.

81

Espèces sonnantes et trébuchantes

Il est probablement plus facile de s'intéresser aux combinaisons que peuvent former deux pièces de monnaie. Quelles sont les combinaisons de deux pièces qui produisent un nombre divisible par 3? Ainsi, une pièce de vingt-cinq cents plus une pièce d'un cent font 26 cents, qui n'est pas divisible par 3; on peut donc exclure cette possibilité. Par contre, une pièce de cinq cents plus une pièce d'un cent font six cents, qui est divisible par 3 mais qui ne suffit pas pour résoudre le problème! Lorsque vous connaîtrez la bonne combinaison de pièces, vous pourrez remonter vos pas pour établir le reste de la solution.

82

Un mile à pied, ça use les souliers

Quel est l'écart entre les deux odomètres?

83

Hors de mon chemin!

Deux des chemins sont plutôt directs, mais les deux autres sont longs et tortueux. Essayez d'employer judicieusement l'espace. Ne vous bousculez pas. Deux chemins peuvent courir en parallèle pourvu qu'ils ne se recoupent pas.

84

Course contre la montre

Voici une question piège! Il s'agit d'établir si la course entre Edmond et Charles se terminera à égalité.

85

Le shekel disparu

Le prix demandé de deux shekels pour cinq rutabagas est-il aussi équitable qu'il ne semble?

86

Dangereusement près

La solution du problème tient aux deux cases du centre. Étant donné que l'on cherche à éloigner les nombres qui se suivent, commencez par faire en sorte que les nombres qui occupent les deux cases du centre soient éloignés.

87

Calories vides

Si un beignet ordinaire compte, disons, 100 calories, combien en compte un beignet peu calorique?

88

Qui se garde à carreau...

Il faut visualiser la manière dont les carreaux sont disposés sur les cartes. Le seul indice utile tient à ce qu'il ne se trouve jamais trois carreaux en rang horizontal sur une carte, bien que pour certains nombres plus élevés il y ait assurément trois carreaux et plus en rang vertical sur les cartes.

89

La closerie de Fido

La solution est affaire de bon sens. On ne vous demande pas de prouver quelle forme serait la plus judicieuse. Voilà qui serait beaucoup plus difficile!

90

Le malheur des uns

Supposons qu'ils ont tous deux fait un premier investissement de 1 000 $. Après leur première perte, Coulombe avait 400 $ et Columbo en avait 150 $. À présent, vous devez trouver combien il restait à Coulombe après sa deuxième perte de 60 pour cent. (Nous ne tenons compte d'aucun intérêt que Columbo pourrait avoir cumulé à son compte d'épargne.)

91

Chemin du square

Les trois lignes excèdent les limites du carré.

92

À l'emporte-pièce

Vous pouvez trouver la solution de cette énigme en tablant sur les nombres, le sens commun ou les deux. Et s'il s'était trouvé un troisième individu? Quelles auraient été ses chances de trouver le biscuit au sucre?

93

Deux syndiqués valent mieux qu'un

Vous pourriez aborder ce problème en mesurant quelle proportion du travail chaque ouvrier accomplit au cours d'une journée. Mais si vous n'avez pas envie de manipuler des fractions, demandez-vous quelle somme de travail les deux ouvriers pourraient accomplir en 12 jours, en travaillant ensemble, bien entendu.

94

Quatre-quarts

Si vous divisez la figure de la façon suivante, vous verrez que l'aire globale équivaut à six petits carrés (cinq sont complets et les deux autres moitiés forment le sixième). Donc, si vous souhaitez diviser cette figure en quatre éléments identiques, la taille de chacun doit être 61/44 = 111/42 petits carrés. Cette donnée forme votre point de départ!

95

Poisson d'avril!

La plupart des années comptent 365 jours, soit presque exactement 52 semaines. Presque. Le fait que 365 ne se divise pas en parts égales par 7 est au cœur du problème.

96

Excellent millésime

Il ne peut s'agir d'une année qui court dans les années 2000 ou 2100, car alors le nombre formé par les deux caractères numériques du *centre* serait plus élevé que les deux *premiers* caractères numériques. Commencez donc à l'année 2200 et réfléchissez bien. Vous devrez procéder par tâtonnements, mais pas trop !

97

Fragments d'octogone

Assurez-vous de ne pas compter en double les diagonales. La diagonale qui lie les points A et E est la même que celle qui lie E et A.

98

Qui ment ?

Partez d'abord du principe qu'André ment, et voyez s'il est possible que les trois autres disent la vérité. Puis faites de même pour chacun des trois autres. Il ne peut y avoir qu'une situation où un seul d'entre eux ment.

99

Joueur de triangle

Il n'est pas possible de choisir trois nombres et de façonner un triangle dont les côtés sont fonction de ces trois nombres. Souvenez-vous que la droite est la distance la plus courte entre deux points.

Château de cartes

Établissez d'abord les dimensions de chacune des cartes.

1 Le magicien douze

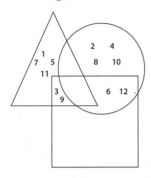

2 À la queu leu leu

Il serait facile de répondre 14 en soustrayant 31 – 17, mais la bonne réponse est 15 clients. Afin de comprendre pourquoi, supposons que seuls les clients qui se sont vu attribuer les nombres 17, 18 et 19 attendent d'être servis. Vous savez que 19 – 17 = 2, mais vous savez aussi qu'il y a trois clients, pas deux. En règle générale, il faut soustraire les deux nombres et ensuite additionner un.

3 Qui est le plus rapide?

Hector peut parcourir un mile en huit minutes; aussi, lui faut-il 64 minutes pour en parcourir huit. Mais Darius peut parcourir huit miles en seulement 60 minutes; il est donc plus rapide que son frère.

Une autre question peut toutefois se poser : Hector peut-il conserver son rythme de huit minutes pendant une heure entière? Peut-être que oui, peut-être que non. Cependant s'il ne peut tenir ce rythme, cela prouve que Darius est le plus rapide!

4 Faites vos œufs!

Avez-vous pris connaissance de l'indice pour voir s'il s'agit d'une question piège? Si la marmite est suffisamment grande, quatre œufs cuiront tous en même temps; ainsi, il faut trois minutes et demie pour cuire les quatre œufs… le même temps qu'un seul!

5 Doublé de difficultés

5 8 × 3 = 1 7 4 = 2 9 × 6

6 Le grand échiquier

Chacun des cinq gamins prend part à quatre parties; on serait donc porté à croire que 5 × 4 = 20 parties se déroulent. Un instant! La partie que Simon a disputée à Théodore (par exemple) est celle que Théodore a disputée à Simon. On ne peut compter deux fois une même partie. Le nombre de parties qui ont été vraiment disputées est de 20/2 = 10 parties.

Si on envisage le problème sous un autre angle, supposons que le premier joueur fait une partie avec chacun des autres, soit un total de 4 parties. Alors, le deuxième joueur se mesure aux trois autres (hormis le joueur numéro 1), et ainsi de suite. On obtient donc un total de 4 + 3 + 2 + 1 = 10 parties.

7 Passez le mot

Quatre pièces de dix cents suffiront. En vertu de la numérotation habituelle des pages, les pages 30 et 31 forment une double page, ce qui signifie qu'elles se trouvent l'une à côté de l'autre. Étant donné que le problème parle d'un dictionnaire de poche, donc de format réduit, deux pages contiguës peuvent facilement être reproduites sur une même feuille.

8 Raisonnement circulaire

La droite C divise le cercle en deux parties égales. Elle est la seule qui passe par le centre du cercle.

9 Copie à haute vitesse

Huit photocopieurs peuvent reproduire 800 feuilles en quatre heures.

Le fait de doubler le nombre d'appareils doublera le rendement sans rien changer au temps nécessaire pour effectuer le travail.

10 Si la chaussure fait

Le total de chaussures se chiffre à 20 000, le nombre des habitants de cette ville. Cela s'explique du fait que les unijambistes portent une chaussure, que la moitié des autres habitants en porte deux et que l'autre moitié n'en porte pas. Cela fait une moyenne d'une chaussure par personne.

11 Impair au bingo

23	11	25	15	41
1	37	31	5	17
9	21	LIBRE	27	47
43	35	33	29	7
19	45	3	39	13

12 Unique en son genre

Le nombre est FOUR.

13 Le chemin le plus long

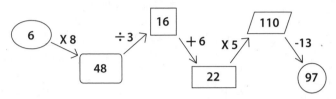

14 24 chrono

11 + 11 + 1 + 1 = 24

15 Famille, amour, fratrie

Cette famille compte cinq enfants; quatre garçons et une fille. Chacun des frères a une sœur, mais il s'agit de la même fille.

16 Adieu, calculette !

La solution tient à ce que 18 pour cent de 87 égale 87 pour cent de 18. Lorsqu'on formule les équations, 18 pour cent de 87 se lit comme suit : (18/100) × 87, et 87 pour cent de 18 se lit ainsi : (87/100) × 18. Il est inutile de procéder à une multiplication ou une division pour voir que ces deux équations se valent pour la bonne raison que les mêmes nombres – 87 et 18 – servent dans les deux cas aux mêmes opérations.

17 Étrange, mais vrai

Les nombres sont 1, 2 et 3. La chose se vérifie facilement :

1 + 2 + 3 = 1 × 2 × 3 = 6.

18 Un esprit sain dans un corps ceint

On dénombre un total de 102 points. La meilleure démarche consiste à séparer les points en quatre rectangles. Regroupez les trois premières colonnes en un rectangle de 3 points de largeur et de 9 points de hauteur, et ainsi de suite :

4 × 7, 2 × 11, et 5 × 5. Ce qui produit 27 + 28 + 22 + 25 = 102 points.

19 L'affaire est dans le sac

Choisissez le deuxième sac. Vous aurez alors 2 chances sur 3 de choisir une bille rouge, alors qu'elles seraient seulement de 3 sur 5 dans le premier sac. (Pour vérifier que 2/3 est supérieur à 3/5, trouvez le dénominateur commun de 15 :
2/3 = 10/15 et 3/5 = 9/15.)

20 Cadre supérieur demandé

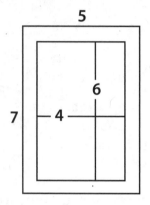

Si vous n'avez pas répondu trop rapidement, la solution n'était pas difficile à trouver. Il ne fallait pas répondre 1 po. La largeur du cadre était de ½ po – rappelez-vous que le cadre entoure les quatre faces de la photo !

21 La machine à conversion

Le seul nombre qui ne change pas après avoir subi la conversion est 40. On voit que $40/5 = 8$, $8 \times 9 = 72$ et $72 - 32 = 40$.

Dans la réalité, la machine à conversion fonctionne à la manière de la transformation que l'on opère pour passer d'une échelle de température à l'autre, soit l'échelle Fahrenheit et l'échelle Celsius. La différence en est que la seule température à être la même en degrés Celsius et Fahrenheit est 40 degrés sous zéro, et qu'il fait alors trop froid pour que cela nous importe !

22 Prononcez la formule magique

Les valeurs des formules sont les suivantes :

ABRACADABRA=
$1+2+18+1+3+1+4+1+2+18+1=52$
PRESTO=
$16+18+5+19+20+15=93$
SHAZAM=
$19+8+1+26+1+13=68$

Ainsi que vous le constatez, la valeur de *presto* est la plus élevée, et ce, même si *abracadabra* compte le plus grand nombre de lettres.

23 Propositions incomplètes

$$\boxed{6} - \boxed{3} + \boxed{2} = 5$$

$$\boxed{6} \times \boxed{3} + \boxed{2} = 20$$

$$\boxed{6} + \boxed{3} - \boxed{2} = 7$$

$$\boxed{6} / \boxed{3} + \boxed{2} = 4$$

24 Volte-face

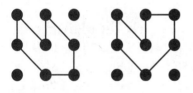

Le nombre maximal de faces que peut compter une figure est 7. Voici deux illustrations qui montrent comment y parvenir, bien qu'il en existe davantage, dont quelques-unes ne sont que des rotations des solutions ci-dessus. D'autres reposent sur des faces qui comptent plus d'un segment; par exemple, si on repoussait l'une des deux diagonales inférieures de la figure de droite.

On obtiendrait une figure à sept faces dotée d'un angle droit.

25 Bête de somme
Le nombre est 624.

26 Du bonheur en comprimés
La réponse est neuf heures. Le temps écoulé entre le premier et le quatrième comprimé équivaut à trois intervalles de trois heures chacun.

27 Éternelle jeunesse
L'explication la plus plausible serait qu'Amanda ait vu le jour en Australie, en Nouvelle-Zélande ou quelque part dans l'hémisphère sud où règne l'hiver alors que l'été s'est installé dans l'hémisphère nord. Ainsi, elle aurait pu naître, par exemple, en juillet et n'aurait pas encore eu 40 ans en avril 2006.

28 Agent 86

32	19	27	8
10	25	17	34
9	26	18	33
35	16	24	11

29 Le voir pour le croire?

Le problème repose sur une illusion d'optique. La réponse est la ligne A, même si, au premier coup d'œil, la ligne B semble la bonne.

30 Le cinquième élément

Il s'agit, bien entendu, d'une question piège. Il est possible de diviser un carré en n'importe quel nombre de parties égales simplement en traçant des lignes verticales!

31 Les cinq points cardinaux

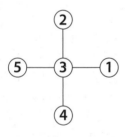

Un 3 doit occuper le cercle du centre, qui est également le nombre qui se trouve entre 1, 2, 3, 4 et 5. Le principe veut que vous puissiez apparier le 1 et le 5 pour obtenir un 6, et un 2 et un 4 pour obtenir aussi un 6. Mais vous ne pouvez pas apparier le 3 avec un autre nombre, ce qui explique pourquoi il doit occuper le cercle du centre. La somme de toutes les directions égale 9. (Ce problème a quatre réponses en tout, selon que l'on change les positions du 5 et du 1 ou celles du 4 et du 2.)

32 L'endroit marqué d'une croix

Les cases ombrées indiquent deux façons d'ajouter cinq nouvelles croix (X) afin que chaque rang et colonne en compte un nombre pair.

33 Le prix du plaisir

Le frisbee® coûte 3,70 $ et le ballon 2,50 $. Ainsi que vous le constatez, le disque volant coûte 1,20 $ de plus que le ballon, qui ensemble coûtent 6,20 $.

34 La guerre des prix

La distance qui afficherait le même prix au taximètre est de 1,5 mile. La raison en est qu'à Cash City au départ la course est plus onéreuse de 25 cents. À chaque quart de mile, le taxi de Megalopolis rattrape 5 cents, de sorte que le prix des courses s'équivaut au bout de cinq autres quarts de mile. Mais n'oubliez pas le premier quart de mile, ce qui porte le total à six quarts de mile. On parle donc de 1,5 mile.

35 Le triangle de Pascal

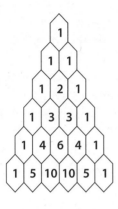

$$1 + 1 = 2$$
$$1 + 2 + 1 = 4$$
$$1 + 3 + 3 + 1 = 8$$
$$1 + 4 + 6 + 4 + 1 = 16$$
$$1 + 5 + 10 + 10 + 5 + 1 = 32$$
$$1 + 6 + 15 + 20 + 15 + 6 + 1 = 64$$

La somme des éléments du septième rang égale 64. Pour obtenir ce total, vous avez deux possibilités. La première est de découvrir les éléments du septième rang et d'en faire le total. La seconde consiste à déceler le schéma des rangs antérieurs. On peut voir qu'un schéma commence à se dégager au deuxième rang : 2, 4, 8, 16 et ainsi

de suite – chaque nouveau rang double le résultat du précédent ! À poursuivre ainsi jusqu'au septième rang, nous obtiendrons la même réponse, à savoir 64.

36 Relation triangulaire

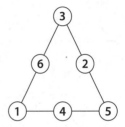

Voici une solution ! Vous en obtiendrez d'autres en imprimant une rotation à celle-ci de manière à déplacer les nombres sur d'autres côtés, mais la position des nombres en lien avec les autres ne change pas.

37 La filière française

On peut, entre autres, calculer la moyenne des notes de deux étudiants en faisant le total des notes de chacune de leurs épreuves et en divisant par 5.

Moyenne de Javier :
(94+79+84+75+88)/5=420/5=84
Moyenne de James :
(72+85+76+81+91)/5=405/5=81

Javier a donc un avantage de trois points.

Une méthode plus facile consiste à disposer les notes des épreuves de la manière suivante :

Javier : 94 88 84 79 75
James : 91 85 81 76 72

Il est alors facile de constater que Javier a un avantage de trois points depuis le début; sa moyenne est donc supérieure de trois points.

38 Numéros de la voie

Il faut un total de 91 nombres, soit un exemplaire pour chacune des maisons numérotées de 1 à 9, et deux de chaque nombre pour les maisons numérotées de 10 à 50.

Parmi ces 91, chacun des nombres de 1 à 4 est employé à 15 reprises, le nombre 5 est employé 6 fois (le seul qui sert autant) et chacun des nombres entre 6 et 0 est employé à 5 reprises. Transposez cela en une équation et vous obtiendrez…

(4x15)+6+(5x5)=60+6+25=91

39 Symétrie des heures

La réponse est 49 minutes, soit le temps qui s'écoule entre 12 h 12 et 1 h 01.

40 Trouvez l'intrus

523377

Les autres chiffres, lorsque coupés en nombre de 3 chiffres, totalisent 1000.

41 Premier de classe

32	16	24	33	45	28	54
40	23	2	11	5	19	12
14	36	10	55	17	34	49
6	50	38	13	22	51	20
21	35	3	46	27	18	39
9	29	48	15	4	52	26
55	44	25	8	42	30	1

Le seul parmi les dix premiers nombres premiers qui ne figure pas sur l'illustration est le 7. Mais, si vous ombrez toutes les cases où se trouvent les autres, il vous apparaîtra !

42 Les six absents

Il y a plus d'une réponse à cette énigme. En voici une :

$$(2) + (5) = (7)$$

$$(4) - (3) = (1)$$

43 Ordre alphabétique

Les chiffres sont *deux* et *cinq*.

A B C **D** E F G H I J K L M N
O P Q R S T **U** V W **X** Y Z

A B **C** D E F G H **I** J K L M **N**
O P **Q** R S T U V W X Y Z

44 Bons rires de Russie

Un album de 10 roubles, deux albums de 2 roubles et trois albums de 1 rouble font six albums et 17 roubles.

45 Les douze jours précédant Noël

Les présents qui reviennent le plus souvent sont ceux remis aux sixième et septième jours, les oies et les cygnes. Il est fait mention à sept reprises des six oies, ce qui porte leur total à 42, et à six reprises de sept cygnes, ce qui porte également leur total à 42. (La perdrix revient le plus souvent, mais un seul individu à la fois, et les lords ne dansent le quadrille qu'à une reprise.)

46 La petite fille aux allumettes

VINGT CINQ = **25**

47 Moule à gaufres !

Le gaufrier fixe produit 3 gaufres à la seconde. Si vous aviez employé les gaufriers fixes, vous auriez produit 12 gaufres à la seconde. Le gaufrier portable produit 120 gaufres à la minute, ce qui équivaut à 2 à la seconde. Afin de produire 12 gaufres à la seconde, il vous faudrait 12/2 = 6 gaufriers portables.

48 Soudain, elle était seule

La dernière lettre à biffer est le W.

49 Sacré Charlemagne !

Le quatrième cours prendra fin à 11 h 55 ou cinq minutes avant midi. Les quatre cours équivalent à $4 \times 40 = 160$ minutes alors qu'il y a un total de 15 minutes entre les cours (3×5). Il y a 175 minutes en tout, ce qui fait cinq minutes de moins que 180 minutes, qui fait trois heures.

50 Une solution de paresse

(138 x 109) + (164 x 138) + (138 x 227) = 138 x (109 + 164 + 227) = 138 x 500 = 138 x 1000/2 = 138 000/2 = 69 000.

51 Un classique remis au goût du jour

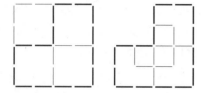

Vous pouvez ajouter à la figure de départ et créer quatre carrés ainsi qu'on le voit sur l'illustration de gauche ou séparer la figure de départ en quatre formes identiques, plus petites.

52 Le fossé des générations

Grand-père Dupont a 78 ans. Ses quatre petits-enfants ont 18, 19, 20 et 21 ans. Remarquez que 18 + 19 + 20 + 21 = 78.

En général, la somme de quatre années consécutives n'est jamais divisible par 4. Soixante-seize et 80 sont divisibles par 4, mais 78 ne l'est pas.

53 Les pépites pépient

Deux cornets de 6, trois cornets de 9 et trois cornets de 20 font (2 x 6) + (3 x 9) + (3 x 20) = 12 + 27 + 60 = 99 pépites de poulet.

54 L'étudiante moyenne

Trois travaux de cinq étoiles lui vaudront cette moyenne. Ensemble, ils comptent pour 3 × 5 = 15 étoiles. En ajoutant l'étoile du premier devoir, on obtient 16 étoiles pour quatre devoirs, soit une moyenne de quatre étoiles par travail.

Abordez le problème sous un autre angle. Vous verrez que le travail qui lui a valu une seule étoile comptait trois étoiles de moins que la moyenne souhaitée de quatre étoiles. Chaque note de cinq étoiles compte une étoile de plus que la moyenne; aussi, faut-il trois devoirs afin d'équilibrer les choses.

55 La vie en cinémascope

Le groupe comptait quatre séniors. Ils ont déboursé 3 $ le billet d'entrée. Les trois autres adultes ont défrayé le prix plein de 6 $ le billet, ce qui porte le total à 30 $ pour les sept billets d'entrée.

56 Une chaîne de nombres

6	7	10	11	12
5	8	9	14	13
4	1	20	15	16
3	2	19	18	17

57 Diviser et conquérir

```
        5 4
  9 4 8 6
  - 4 5
  ─────────
      3 6
    - 3 6
  ─────────
        0
```

58 Cueillette de pommes

Elles ont toutes le même prix !

10 pommes = 1 sac (5 ¢) plus 3 pommes à 15 ¢ chacune (45 ¢) = 50 ¢

300 pommes = 4 sacs (20 ¢) plus 2 pommes à 15 ¢ chacune (30 ¢) = 50 ¢

50 pommes = 7 sacs (35 ¢) plus 1 pomme à 15 ¢ (15 ¢) = 50 ¢

59 La quadrature du cercle

Lorsque vous réunissez les diagonales du carré incliné, vous divisez également le carré extérieur en quatre carrés plus petits. Il est alors facile de voir que le carré intérieur contient précisément la moitié de chacun de ces carrés plus petits; aussi, la taille du carré incliné doit être la moitié de celle du carré extérieur.

60 Où est Wilfrid ?

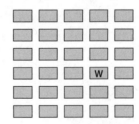

Le pupitre de Wilfrid doit se trouver là où l'indique le schéma. Étant donné que chaque rangée compte un même nombre d'élèves, ils occuperont l'ensemble du rectangle formé de 5 pupitres sur 6, ce qui porte le total à 30 élèves.

61 J'habite au 100ᵉ étage

Le nombre 100 se trouve à la base d'une colonne élevée. Remarquez que 96 est un multiple de 6, et que tous les multiples de 6 se trouvent à la tête des colonnes les plus élevées. À partir de là, vous comptez encore un peu pour arriver au fameux 100.

62 La puissance du quatre

Jonas est parvenu au nombre 1 048 576. Remarquez que tous les nombres de Laurent finissent par un 4, alors que tous ceux de Jonas finissent par un 6. C'est la seule chose que vous devez savoir !

63 Les nombres kangourou

Les nombres kangourou de la liste sont 125 et 912. Remarquez que 125 = 25 × 5, alors que 912 = 12 × 76.

64 Hexagone

Afin de dessiner un cube, divisez la figure en trois éléments de forme bi-conique. Les trois lignes que vous tracez pourraient occuper les positions relatives de celles que l'on voit ici, tournées vers l'intérieur de l'hexagone, et cela fonctionnerait. Afin de voir un cube, inclinez la tête !

65 Mise en forme

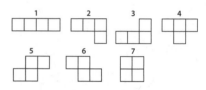

66 Big Brother

On peut formuler ainsi le produit de 8 ! :

$8 \times 7 \times 6 \times 5 \times 4 \times 3 \times 2 \times 1$

Et le produit de 6! de la façon suivante :

$6 \times 5 \times 4 \times 3 \times 2 \times 1$

Afin de résoudre le problème, il faut diviser le produit de 8 ! par 6 !, mais avant observez les deux suites de nombres pour voir lesquels ils ont en commun. Ils s'annulent tous, à l'exception du huit et du sept. Cela signifie que $8 !/6 ! = 8 \times 7 = 56$.

67 Bridgeur sachant bridger

L'as, les trois 7, les deux 5 et les deux 4 font un total de huit cartes; il ne vous en reste donc que cinq (chaque main compte 13 cartes). Le nombre maximal de points que vous pourriez tirer de ces cinq cartes serait 18, soit trois as (vous en avez déjà un) et deux rois. Si vous ajoutez ces 18 points aux 4 de votre as, vous aurez un total de 22 points.

68 Dernier express pour Combecreuze

Il est à présent 16 h 39. Arnaud doit patienter 9 minutes pour le train de Château Bleu; Ariane doit attendre deux fois plus longtemps, soit 18 minutes, pour le train de Val de Loire, alors qu'Amélia doit attendre 36 minutes pour prendre le train de Combecreuze.

69 Jeu de proportions

Remarquez que le grand carré est composé de neuf éléments : un carré, quatre petits triangles et quatre trapézoïdes aux formes incongrues. Chacun des quatre petits triangles, lorsqu'on l'assemble à l'un des trapézoïdes, peut facilement former un carré à l'aire identique à celle du carré du centre. Étant donné qu'il se trouve au total cinq carrés identiques, le carré du centre fait par conséquent le cinquième de l'aire du plus grand.

70 Opéra de deux sous

Le bloc-notes coûte 25 cents. Adam avait 23 cents et Rodrigue en avait un. Ensemble, ils avaient 24 cents; il leur manquait donc un cent.

71 Points à la ligne

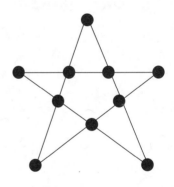

Une étoile à cinq branches apporte la solution.

72 Déferlante

Au départ, la planche de surf se vendait 125 $. Vingt pour cent égale le cinquième de ce prix, et le cinquième de 125 est 25. Si on soustrait 25 de 125, on obtient 100. Donc, le prix de départ de la planche de surf était de 100 $.

73 Quadrille

En retirant les quatre segments au centre de l'illustration, le nombre de carrés passe de 18 à neuf (huit petits et un grand).

74 Quatuors recherchés

$1 = (4 + 4)/(4 + 4)$	$3 = (4 + 4 + 4)/4$
$2 = (4 \times 4)/(4 + 4)$	$4 = 4 + (4 - 4)/4$
$5 = (4 \times 4 + 4)/4$	$8 = 4 + 4 + 4 - 4$
$6 = 4 + (4 + 4)/4$	$9 = 4 + 4 + 4/4$
$7 = 44/4 - 4$	$10 = (44 - 4)/4$

75 Expérience recherchée

La réponse est 43. Il suffit d'additionner 10 + 65 + 58, ce qui porte le total à 133, et de soustraire 90 pour obtenir la réponse. Ceci s'explique du fait que, lorsque vous additionnez 10, 65 et 58, vous comptez en double les candidats qui cumulent de l'expérience dans la vente et l'édition (le groupe qui vous intéresse). Il faut donc soustraire le nombre de candidats (90) pour connaître le nombre de ceux qui possèdent l'expérience recherchée.

76 Fantassins aux pieds plats

Il y avait 81 soldats au départ, qui marchaient en une formation de 9 sur 9. Après que 32 d'entre eux furent appelés ailleurs, il en restait 49, qui marchaient alors en une formation de 7 sur 7.

N'eût été le fait qu'il se trouvait au moins huit soldats dans le deuxième cercle, il y aurait eu une deuxième solution : 36 soldats au départ et 32 appelés ailleurs. Ce qui en aurait laissé 4, un autre carré parfait !

77 Triptyque pour la Grande Ourse

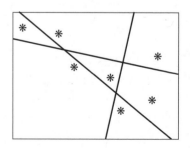

78 Friandise ou bêtise?

Il restait à M. Depardiable 13 bonbons. Que l'on divise 13 par 2, 3 ou 4, il en reste toujours 1 de trop. C'est le seul nombre inférieur à 20 pour lequel ce principe vaut.

79 Cercle magique

Si vous groupez les nombres comme sur l'illustration ci-dessus, vous verrez que la somme des nombres de chaque groupe égale 15 (4 + 5 + 6 = 15, 7 + 8 = 15, 9 + 1 + 2 + 3 = 15).

80 Maîtres et valets

Supposons que vous numérotiez les cartes de 6 à 6, et que les valets soient les numéros 1 et 2. Il existe 15 manières de choisir deux cartes; les voici:

1-2 2-3 3-4 4-5 5-6
1-3 2-4 3-5 4-6
1-4 2-5 3-6
1-5 2-6
1-6

Parmi ces 15 manières, seules les trois dernières colonnes ne comptent pas un valet (portant ici les numéros 1 et 2). Il y a six possibilités entre ces trois colonnes; aussi, la chance de ne pas tomber sur un valet est de 6/15 ou 2/5. La chance de choisir au moins un valet est de 9/15 ou 3/5; elle est donc la plus probable.

81 Espèces sonnantes et trébuchantes

L'article coûte 17 cents. Afin de l'acheter, il faut quatre pièces de monnaie: un dix cents, un cinq cents et deux cents. Afin d'acheter deux articles (34 cents), il faut six pièces de monnaie: un vingt-cinq cents, un cinq cents et quatre cents. Afin d'acheter trois articles (51 cents), il ne faut que deux pièces de monnaie: un cinquante cents et un cent.

82 Un mile à pied, ça use les souliers

L'écart entre les odomètres est de 445 miles, écart qui ne changera pas. Par conséquent, l'odomètre principal atteindra le double de l'odomètre journalier lorsque ce dernier indiquera 445 miles. Cela surviendra précisément dans 445 − 22 = 423 miles.

83 Hors de mon chemin !

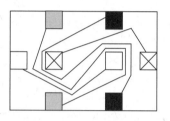

Voici une solution ! Toute autre solution reposerait sur le même principe, c.-à-d. que deux chemins doivent contourner et entourer les carrés du centre pour éviter qu'ils ne se recoupent.

84 Course contre la montre

Edmond devrait l'emporter. Pourquoi ? Parce que, lorsqu'ils ont tous deux couru contre Alexandre, Edmond avait précisément 20 mètres d'avance sur Charles au moment où Alexandre est arrivé au fil d'arrivée, soit 20 mètres devant Edmond. Par conséquent, si Edmond concédait à Charles une longueur d'avance de 20 mètres, ils seraient tous deux à égalité au moment où Alexandre arriverait au fil d'arrivée et il leur resterait encore 20 mètres à parcourir. Edmond est le plus rapide. Par conséquent, il gagnerait la course, mais de peu !

85 Le shekel disparu

Le hic par rapport aux cinq rutabagas à deux shekels tient à ce que, de ces cinq rutabagas, trois sont de piètre qualité (ceux vendus à raison d'un shekel le lot de trois) et que deux sont de premier choix (ceux du voisin, à un shekel le lot de deux). En vendant les 30 rutabagas de cette manière, le fermier en vend 20 à son prix et 10 au prix plus élevé de son voisin – il n'en vend pas 15 à chacun des prix. Voilà pourquoi il se retrouve avec un shekel en moins.

86 Dangereusement près

```
      7
  3   1   4
  5   8   6
      2
```

Il s'agit d'une solution. Vous pourriez en outre intervertir les deux colonnes extérieures. Dans l'un et l'autre cas, les cases du centre sont occupées par 1 et 8.

87 Calories vides

Disons qu'un beignet ordinaire compte 100 calories. Si un beignet peu calorique en recèle 95 pour cent moins, il doit compter cinq calories. Par conséquent, vous devez manger 20 beignets peu caloriques afin de consommer autant de calories que si vous mangiez un beignet ordinaire.

88 Qui se garde à carreau…

La seule carte de carreau qui est asymétrique est le sept.

89 La closerie de Fido

Si l'enclos a une forme circulaire, vous aurez la plus grande surface proportionnellement à la longueur de la clôture.

90 Le malheur des uns

Columbo a perdu davantage que Coulombe, même après que ce dernier eût enregistré une seconde perte de 60 pour cent. Afin d'établir pourquoi, supposons que chacun ait misé 1 000 $ au départ comme le suggère l'indice. Columbo s'est alors retrouvé avec 150 $ par suite de sa perte de 85 pour cent. Coulombe disposait de 400 $ après sa première perte. Après sa deuxième perte, l'équation se lit comme suit : 400 − (60 % de 400). Calculez que 60 pour cent de 400 égale 240 et vous constaterez qu'il s'est retrouvé avec la somme de 400 − 240, soit 160 $, ce qui est à peine mieux que Columbo. La clef de la solution repose sur le fait que la seconde perte de 60 pour cent enregistrée par Columbo s'arrimait à un investissement moindre – 400 $ par rapport à 1 000 $.

91 Chemin du square

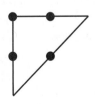

92 À l'emporte-pièce

Les chances d'Elmo et d'Éloi sont d'une sur trois. Cela vaut manifestement pour Elmo puisque, lorsqu'il a choisi son biscuit, un seul parmi les trois était au sucre. Au moment où Éloi a choisi son biscuit, il avait une chance deux fois sur trois qu'il soit au sucre, et ce, si Elmo ne l'avait pas déjà pris ! Étant donné qu'Elmo risquait de choisir un *autre* biscuit deux fois sur trois, les chances qu'Éloi choisisse le biscuit au sucre parmi les deux qui restaient dans le sac étaient d'une sur deux. Il a eu cette chance deux fois sur trois : $\frac{1}{2} \times \frac{2}{3} = \frac{1}{3}$.

On peut aborder ce problème sous un autre angle : supposons qu'un troisième individu – Max – a mis la main dans le sac après Elmo et Éloi. Manifestement, Max prendra le biscuit au sucre chaque fois qu'il ne restera que celui-là, et les chances que cela survienne sont d'une sur trois. Toutefois, si les chances d'Elmo sont d'une sur trois et que celles de Max sont aussi d'une sur trois, elles ne sont pas différentes pour Éloi. Car enfin, l'un d'eux pigera bel et bien le biscuit au sucre !

93 Deux syndiqués valent mieux qu'un

On peut résoudre ce problème à l'aide des fractions. Le premier ouvrier achève le travail en six jours; aussi, en un jour il accomplit $\frac{1}{6}$ du total. Entre-temps, le deuxième ouvrier achève le $\frac{1}{12}$ du travail en un jour. Lorsqu'ils travaillent ensemble, ils accomplissent $\frac{1}{6} + \frac{1}{12}$ du travail en un jour. $\frac{1}{6} = \frac{2}{12}$; aussi, $\frac{2}{12} + \frac{1}{12} = \frac{3}{12}$ ou $\frac{1}{4}$ qui correspond à la somme de travail qu'ils accompliraient en une journée. Donc, à eux deux ils accompliraient $\frac{1}{4}$ du travail en un jour; par conséquent, il leur faudrait 4 jours pour achever l'ensemble du travail.

Si vous n'avez pas envie de travailler avec des fractions, vous pouvez procéder autrement. En douze jours, le premier ouvrier accomplirait tout le travail à deux reprises alors que le deuxième l'accomplirait une fois. Par conséquent, s'ils travaillaient ensemble, ils accompliraient trois fois le travail en douze jours, c.-à-d. une fois le travail en quatre jours ($\frac{12}{3} = 4$).

94 Quatre-quarts

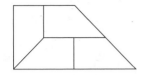

95 Poisson d'avril!

En 2001, le premier avril était un dimanche. Cela s'explique parce qu'une année compte 365 jours ou 52 semaines et un jour. Chaque date avance d'un jour d'une année à l'autre. Toutefois, au cours d'une année bissextile, toute date au-delà du 29 février avance de deux jours. L'an 2000 était bissextil; donc le premier avril 1999 tombait un jeudi.

96 Excellent millésime

La prochaine année à partager la même caractéristique sera 2307 : 23 + 07 = 30.

97 Fragments d'octogone

Chaque point de A à H (les sommets de l'octogone) peut être lié à cinq autres points pour former une diagonale. Cela semble faire un total de 8 × 5 ou 40 diagonales. Toutefois, comme le laisse entendre l'indice, la diagonale entre A et E est la même que celle qui lie E et A, et vous n'avez pas le droit de compter

en double. Vous devez diviser 40 par 2 pour obtenir la bonne réponse, soit 20 diagonales.

98 Qui ment?

Le menteur est Daniel. Afin de comprendre pourquoi, nous nous intéresserons à chaque cas indépendamment.

Si André mentait, le nombre compterait trois caractères numériques. (Il ne pourrait compter qu'un seul caractère numérique, car alors il ne serait pas divisible par 25 et Daniel mentirait lui aussi.) Mais si le nombre comptait trois caractères numériques, Barbara ou Cindy mentirait parce que 150 est le seul nombre à trois caractères numériques qui entre également dans 150. Par conséquent, André doit dire vrai parce qu'il n'y a qu'une personne qui ment.

Si Barbara mentait, le nombre n'entrerait pas dans 150. Mais dans ce cas, André ou Daniel mentirait, car les seuls nombres à deux caractères numériques qui sont divisibles par 25 (25, 50 et 75) entrent également dans 150. Aussi, Barbara doit dire la vérité.

Si Cindy mentait, alors le nombre en question serait 150. Mais alors André mentirait aussi, car 150 compte trois caractères numériques, non pas deux.

Donc, il ne reste qu'une possibilité : que Daniel mente, et l'hypothèse se confirme. Si, par exemple, le nombre était 10, Daniel mentirait alors que les trois autres affirmations seraient toutes vraies.

99 Joueur de triangle

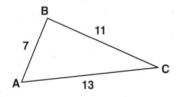

Si vous additionnez les longueurs de deux des côtés du triangle, peu importe lesquels, leur somme doit être supérieure à ce troisième côté. Pourquoi cela est-il vrai ? Parce que la droite est la distance la plus courte entre deux points. Ainsi, sur l'illustration ci-dessus, AB + BC ne peut être inférieur à AC parce qu'alors la voie indirecte entre A et C – avec un arrêt à B en cours de route – serait inférieure à la voie directe !

Cela signifie donc que le troisième côté ne peut égaler 5 parce que 5 + 7 < 13. De même, il ne peut s'agir de 21 parce que 7 + 13 < 21. Onze est donc la seule réponse possible.

100 Château de cartes

Il y a neuf cartes de taille identique qui font une aire globale de 180, de sorte que l'aire de chacune doit être de 20. Par conséquent, les dimensions de chaque carte sont de 4 × 5 (remarquez que 4 × 5 = 20) et la longueur de quatre cartes égale précisément la largeur de cinq cartes. Si chaque carte fait 4 × 5, la hauteur de l'illustration est de neuf pouces et la longueur de 20 pouces ; le périmètre est donc de 2 × (20 + 9) = 58 pouces.